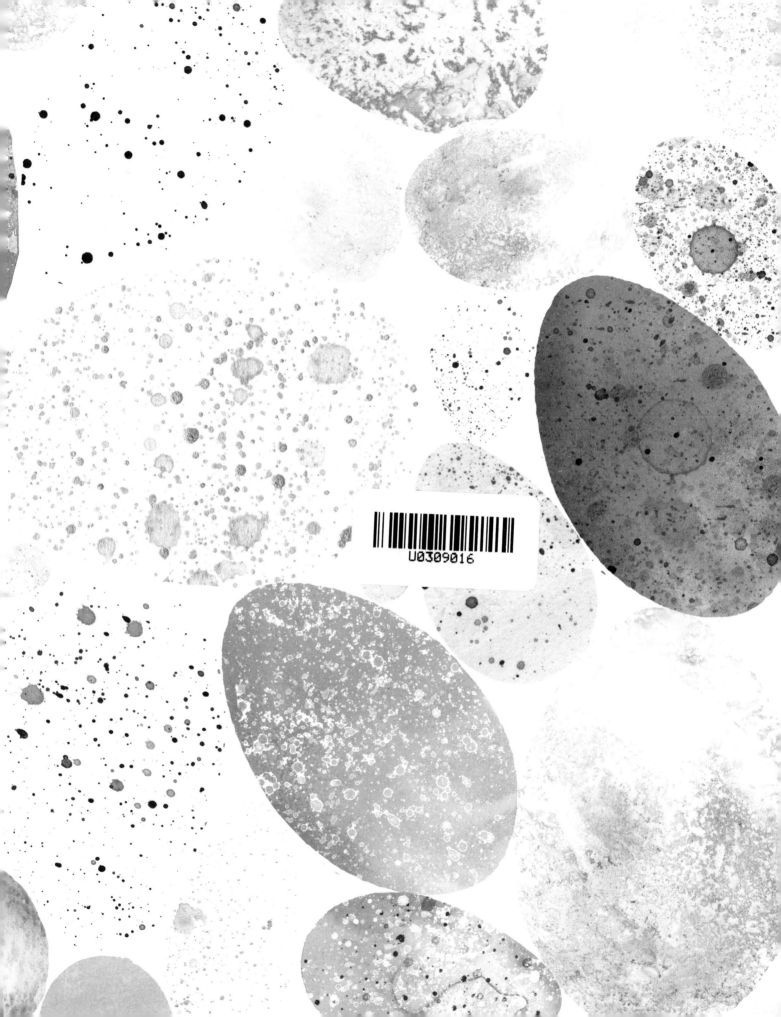

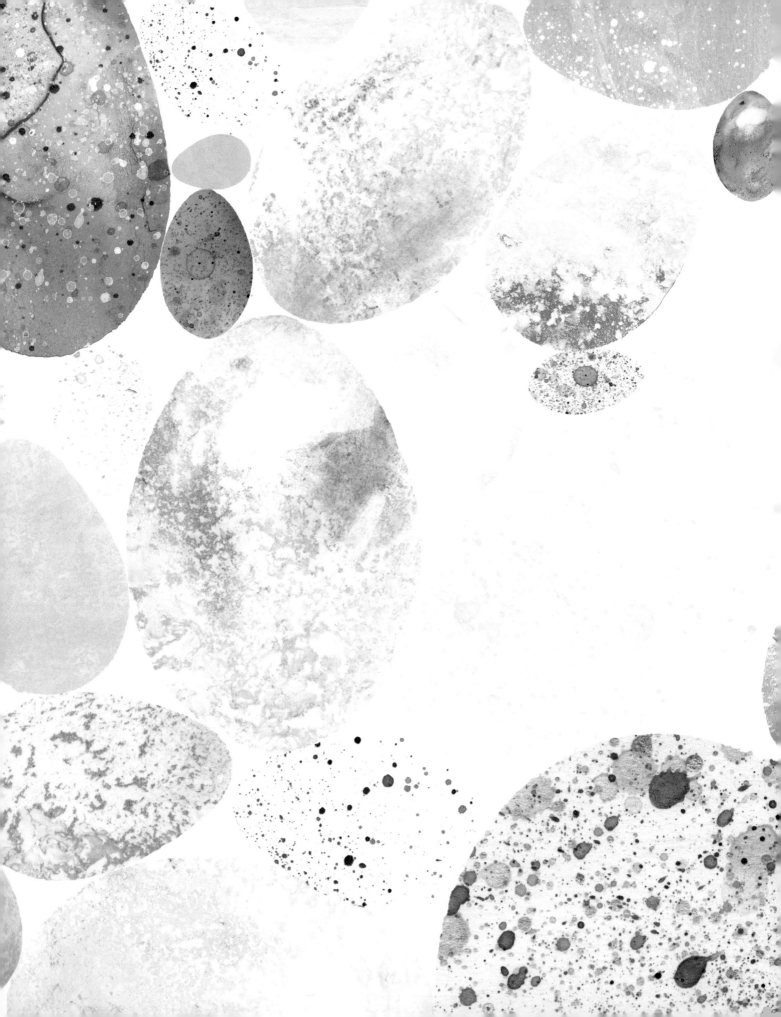

浪花朵朵

当一只鸟是什么感觉

[英] 蒂姆·伯克黑德　著

[英] 凯瑟琳·雷纳　绘

周颖琪　译

海峡出版发行集团 | 海峡书局
THE STRAITS PUBLISHING & DISTRIBUTING GROUP

目 录

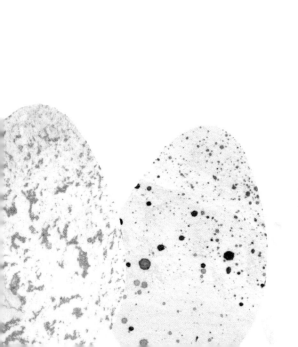

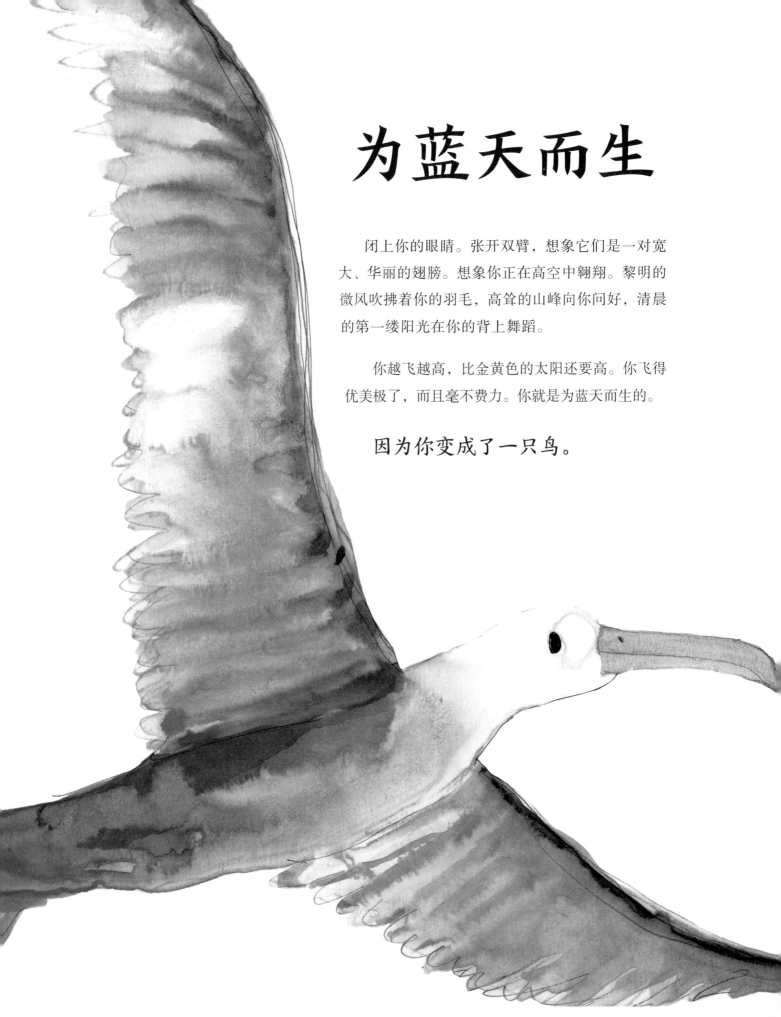

为蓝天而生

闭上你的眼睛。张开双臂，想象它们是一对宽大、华丽的翅膀。想象你正在高空中翱翔。黎明的微风吹拂着你的羽毛，高耸的山峰向你问好，清晨的第一缕阳光在你的背上舞蹈。

你越飞越高，比金黄色的太阳还要高。你飞得优美极了，而且毫不费力。你就是为蓝天而生的。

因为你变成了一只鸟。

很多人都有过飞翔的梦想。但是，当一只翱翔的鹰到底是什么感觉？当一只夜空中的猫头鹰又是什么感觉？人类用视觉、听觉、味觉、嗅觉和触觉，认识和理解周围的一切。有些鸟的感官和我们相似，有些则截然不同。人类和鸟类都用眼睛看东西，但大部分鸟的眼睛长在头两侧，因此它们可以同时看到两个方向上的不同风景。是不是很难想象？

鸟类的行为通常和人类的很不一样。每年秋天，许多鸟儿都会感受到飞往南方的冲动；每年春天，它们又会感受到飞回北方的召唤。那到底是怎样的感觉？鸟儿可以跨越数千千米，飞越波涛汹涌的大海，飞过浮上海面喷水的鲸鱼，准确无误地回到自己的家。这又是怎样的感觉？

当然，不是所有的鸟都会飞。鸟和鸟之间，也存在着数不清的差异。

想想看，这个世界上有喧闹的葵花凤头鹦鹉，有会划水的鸭子……有体形很小，但振翅很快、身上闪耀着绿宝石光泽的蜂鸟……还有体形巨大的鸵鸟，它们在尘土飞扬的沙漠中奔跑。

鸟类有着惊人的多样性。它们演化出了各自独特的生活方式，选择在不同的栖息地生活：有的在热带雨林，有的在寒冷潮湿的极地，还有的在柔软湿润的湿地。

为了适应环境，为了生存繁衍，全世界的鸟儿展现出它们卓越的技能：它们找地方栖息，它们整理羽毛，它们卖力鸣唱，它们为后代筑巢。在这本书里，我们将一起探索这些令人惊奇的动物，看看鸟儿都有哪些生存秘诀。

让我们来看看，当一只鸟是什么感觉……

和雄鸟比起来，雌性娇鹟展示出另一种美。
它们有精致的橄榄绿色羽毛，
能完美地融进热带雨林的绿叶之中。

鸟儿也跳舞

红顶娇鹟^{wēng}（分布于南美洲和中美洲）

在热带雨林深处，一群演员已经就位，正紧张地来回移动着双脚，等待着自己登台展示的时刻。这是一群雄性红顶娇鹟。高处的树枝轻轻颤抖，树叶"沙沙"作响。在一根更高的树枝上，一只雌性红顶娇鹟正静静地等待着表演开场。

雄鸟走上前来。这只精致的小鸟看上去有点袖珍，但当它蓬起羽毛，走到聚光灯下时，它就会吸引所有雌鸟的注意。

繁殖季到了，雄性红顶娇鹟有一项非常重要的任务。它得想方设法吸引到一位愿意和它结为伴侣的雌鸟。它转过头，注视着剩下的竞争对手，炫耀着自己华丽的鲜红色羽毛和明黄色的"袜子"。

演出开始了。雄鸟沿着树枝左右滑步，脑袋却固定不动，就像是在跳机械舞。它低下头，竖起尾巴，在栖木上来来回回滑动。那上了发条般的华丽动作十分迷人，引得几只雌鸟飞到近处来观看……

6

这时，雄鸟准备进入华丽的谢幕了。它跃入空中，翅膀"噼噼啪啪"地好一阵扑腾，然后落回树枝上，让周围的鸟儿都看呆了。

"砰！"

这声音是雄鸟用翅膀摩擦尾羽发出来的，一共三下。它的摩擦速度快极了，发出的声音就像枪响！伴随着一段向后退的滑步舞，它又发出了四声爆破音。了不起！

"砰！砰！砰！砰！"

现在，轮到雌鸟来给这场比舞打分了。舞者们的动作好不好，声音响不响？每位观众都会对此给出评判。最后，它们会选出自己心中跳得最好的那一位雄鸟。

完成交配后，雌性红顶娇鹟就会找一个筑巢的好地方，为孵化雏鸟做好准备。

黑暗中
的生活

油鸱（分布于南美洲）

油鸥的翼展接近一米，
尾羽也比较长，喙呈钩状。
它们身披华丽的红褐色羽毛，
上面点缀着一排排小小的白色心形图案。

"沙沙""吱吱""嗒嗒嗒嗒"……
山洞里传来声响，原来这里并不是一
片空荡荡。隐藏在黑暗中的，会不会是一头
可怕的怪兽？

南美洲有一种奇特的鸟——油鸥，喜欢住在伸手不见
五指的洞穴里。它们集群生活，一个群体里的成员甚至会
多达 20 000 只。油鸥和蝙蝠一样，拥有"回声定位"的特殊
本领，它们靠这个本领能在黑暗中安全地返回自己的停歇点。

回声定位的时候，油鸥会发出"吱吱"和"嗒嗒嗒嗒"的声音，然
后听听附近有什么物体会弹回声音。油鸥通过这种方式判断周围的物体
跟自己之间的距离，这样它们就不会一头撞上去了。

油鸥是一种素食动物，它们的雏鸟靠吃含油量高的水果长大。幼鸟长大后，
就会变成毛茸茸的大脂肪球——或者说是大油球，所以它们被叫作"油鸥"！

在黑暗中寻找水果并不简单，但油鸥是这方面的专家。它们的眼睛很大、很
敏锐，是鸟类中眼睛对光线最敏感的，非常适合看穿黑暗、找到食物。

一旦发现水果，油鸥会展开宽大的翅膀，盘旋在枝头的水果附近。它们会先闻
一闻，判断出哪些水果已经成熟，然后开始晚餐。

水上的国王和王后

疣鼻天鹅（分布于欧洲和北美洲）

随着落日缓缓西沉，一对疣鼻天鹅威风凛凛地划过湖面。

两只天鹅肩并肩，在湖中来回游动，巡视着自己的王国。它们都很清楚，自己的领地从哪里开始，又在哪里结束。它们也认识附近其他领地的天鹅。

天鹅的世界里有个规矩：请勿越界，否则后果自负！

对天鹅来说，领地非常重要，因为领地里提供了天鹅夫妇和它们未来的孩子需要的所有食物。谁都不希望外来的天鹅闯入自己的领地，偷吃自己的食物。

最终，天鹅夫妇回到了巢边。它们的巢藏在岸边的芦苇丛里。这个巢址是经过精心挑选的——它们把一大堆枯芦苇秆、干草叶和水草铺整齐，造出一个了不起的大草窝。天鹅妈妈很快就会开始在这里产卵。

可是，条件优越的领地是很难找到的，有时会有另一对天鹅飞来，试图从天鹅夫妇手里抢下一段河道来。当这种情况发生时，这片领地的男主人就会竖起翅膀，发出"嘶嘶"的声音，用最快的速度向入侵者游去。它低着头冲过水面，准备向入侵者发起啄击。

一阵急速拍打翅膀的声音响起，水花四溅，男主人飞扑过去。

啄！啄！啄！

男主人赢得了胜利，入侵者灰溜溜地飞走了。河面再次恢复了宁静。

啦啦啦啦！

合唱团练习

黑背钟鹊（分布于澳大利亚）

这是澳大利亚的清晨，太阳的黄白色光辉还没有照射到大地上，天气还很阴凉。一群黑背钟鹊瞪着亮晶晶的眼珠，从夜栖的树枝上飞下来，落到了地上。

五只……六只……七只……八只……

越来越多的黑背钟鹊聚集起来。

它们踱步走过澳大利亚乡下干燥的土地，来到田边一根破旧的篱笆桩旁。它们围着篱笆桩站成一圈，头高高地向天空仰起。然后，鸟儿们开始齐声歌唱，用优美、婉转的歌声迎接初升的朝阳——它们是一支合唱团！

十分钟后，演唱结束。太阳升了起来，鸟儿合唱团也解散了。它们飞往不同的方向，各自开始新的一天。

啦啦啦啦！

啦啦啦啦！

黑背钟鹊和欧亚喜鹊长得不一样。它们没有长尾巴，体形稍微大一点，喙稍微粗壮些。它们的攻击性也比欧亚喜鹊更强。

黑背钟鹊也被叫作澳洲喜鹊，但和欧亚喜鹊不一样，黑背钟鹊不喜欢结对生活，而是喜欢集群生活。一个族群里的所有成员会合力养育后代、保卫领地，防止其他动物入侵它们的家园。

到了清晨的合唱时间，黑背钟鹊们聚集起来齐声歌唱，就像一个合唱团一样——即使它们唱得没那么好。这场景好像古代的战士们上战场之前在互相打气，又像一场盛大的足球赛开幕前，观众们在集体唱歌。

一起唱歌的感觉可真好！

也许，鸟儿们的晨歌能帮助它们做好准备，迎接即将开始的一天。

啦啦啦啦！

啦啦啦啦！

啦啦啦啦啦！

冰上摇篮

帝企鹅（分布于南极洲及周边海洋）

刺骨的风怒号着、咆哮着，不停地吹呀吹。阴沉的天空笼罩着陆地和海洋。帝企鹅爸爸低头看着两脚之间小心翼翼夹着的那枚蛋。它等呀等，一直等……

帝企鹅生活在南极洲，这是地球上环境最恶劣的地方之一。在条件这么艰苦的冰封大地上，帝企鹅要让自己的宝宝生存下来，必须担当重任。

一切从一枚蛋开始。

帝企鹅妈妈下好蛋，就会把蛋迅速移交给帝企鹅爸爸，让它把蛋放在脚上。帝企鹅爸爸的肚子下方有一大片松松垮垮的皮肤可以盖在蛋上，有点儿像一个育儿袋。这片皮肤上没有羽毛，裸露的粉色皮肤下布满了血管。血管里的血液为帝企鹅的皮肤输送热量，让这个育儿袋像热水瓶一样，焐得企鹅蛋暖乎乎的。

等确定帝企鹅爸爸已经把蛋稳妥地放好了，帝企鹅妈妈就会离开，前往海中寻找食物。

接下来，新手爸爸要独自照顾企鹅蛋整整两个月。这段时间里，帝企鹅爸爸没法吃东西，会饿瘦到只有之前一半的体重，它体内囤积的脂肪也会消耗殆尽。

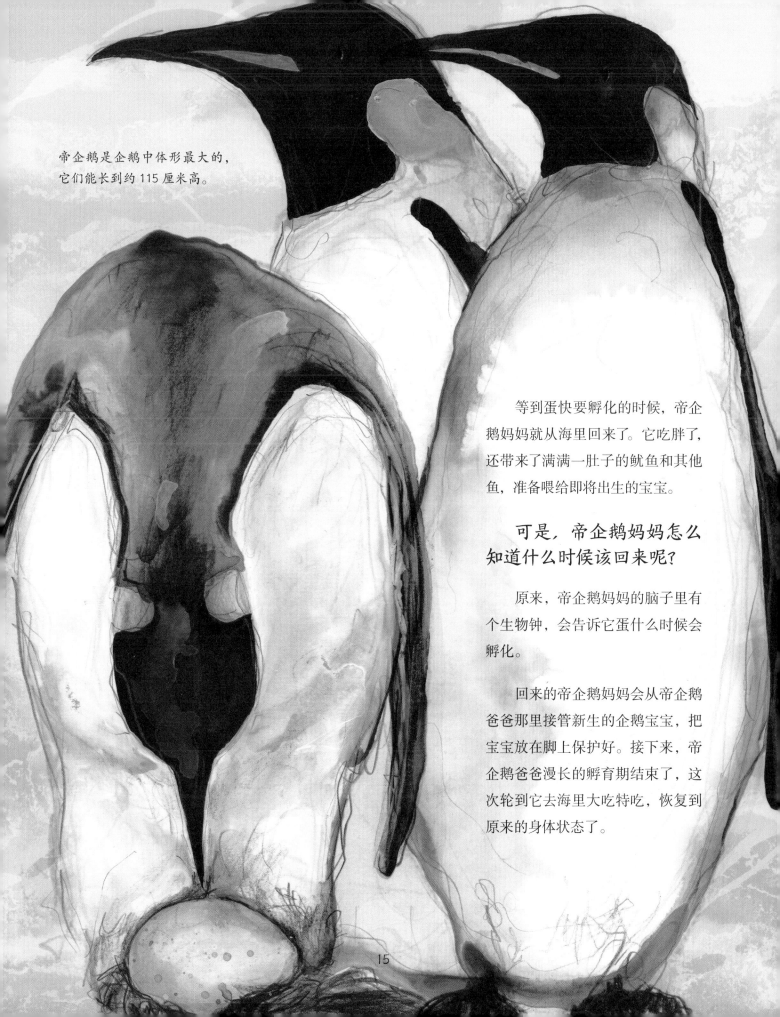

帝企鹅是企鹅中体形最大的，它们能长到约 115 厘米高。

等到蛋快要孵化的时候，帝企鹅妈妈就从海里回来了。它吃胖了，还带来了满满一肚子的鱿鱼和其他鱼，准备喂给即将出生的宝宝。

可是，帝企鹅妈妈怎么知道什么时候该回来呢？

原来，帝企鹅妈妈的脑子里有个生物钟，会告诉它蛋什么时候会孵化。

回来的帝企鹅妈妈会从帝企鹅爸爸那里接管新生的企鹅宝宝，把宝宝放在脚上保护好。接下来，帝企鹅爸爸漫长的孵育期结束了，这次轮到它去海里大吃特吃，恢复到原来的身体状态了。

鸭子不简单

绿头鸭（全世界广布）

公园里热闹得很。孩子们笑啊、闹啊，狗叫个不停，还有一群绿头鸭在池塘上聒噪地嘎嘎叫。

"嘎！嘎！嘎！"

你可能会觉得，绿头鸭有什么好看的？它们生活在我们周围，十分常见，但它们的感官有些不同寻常……

和许多鸟一样，绿头鸭的眼睛长在头两侧，也就是说，它们能同时看到两个不同的场景：从一侧的池塘尽头，到另一侧阴暗茂密的灌木丛。如果你需要时刻警惕周围的捕食者，那这样的视野绝对有用。

雄性绿头鸭的头部呈醒目的翠绿色，
雌性绿头鸭则浑身长着带有白色斑点的棕色羽毛，
翅膀上还有一片艳丽的蓝色羽毛。

但绿头鸭的视野也有死角：它们看不到自己的喙前面的东西，也就是说，看不清自己要吃的东西。不过，绿头鸭有别的办法辨认美餐，它们可以用触觉和味觉！鸭子的触觉感受器位于喙的尖端，而味蕾位于喙的内侧。

绿头鸭肚子饿了，就会把喙伸入水里，屁股朝天扭来扭去，用喙来感知水里的一切。

"扑通！" "哗啦！"

无论在水里找到了什么东西，绿头鸭都会尝一尝：如果是不能吃的小树枝或小石头，就吐出来；如果是多汁的蠕虫或昆虫幼虫，就吞下去。尽管绿头鸭可能看不到自己的食物，但它能用味觉来保证自己吞下的都是好吃的东西。

下次去公园的时候，再看到绿头鸭往水里钻，你就知道它们是在品尝水里的东西，看看能不能饱餐一顿呢……

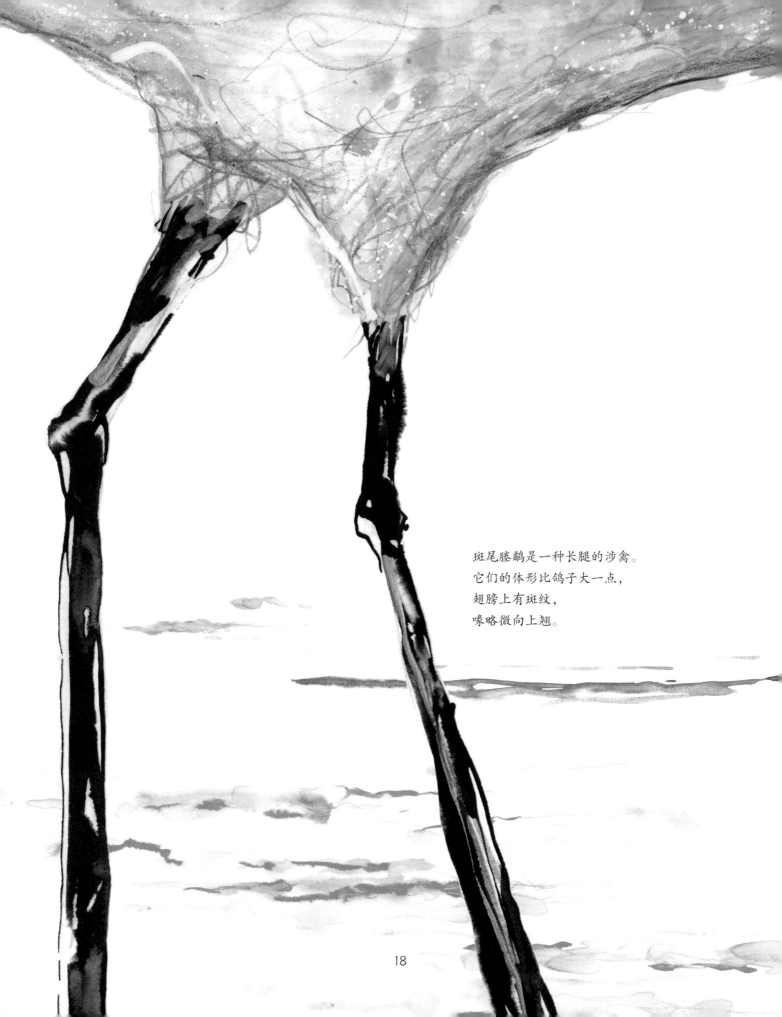

斑尾塍鹬是一种长腿的涉禽。
它们的体形比鸽子大一点，
翅膀上有斑纹，
喙略微向上翘。

18

漂洋过海

斑尾塍鹬 chéng yù（夏季在阿拉斯加繁殖，冬季在新西兰越冬）

　　大海很宁静，海面一望无际，像一匹起了皱的蓝色绸缎向四处展开。斑尾塍鹬乘着微风拍打翅膀，升上了热气流的顶部。冬日的严寒逐渐后退，夏日的太阳张开金色的臂膀，迎接熟悉的老朋友归来。

　　和人类一样，鸟类需要食物才能生存。当家里的东西吃完了，我们可以去商店购买。但鸟的世界没有商店，当它们的食物吃完了，该怎么办呢？像塍鹬这类候鸟有两个家，一个夏天的家，一个冬天的家。它们在两个家之间来回迁徙，确保自己一年四季都能找到足够的食物。

　　夏天，斑尾塍鹬生活在北美洲的阿拉斯加。它们在平坦的、一棵树都没有的苔原上繁殖，以生活在那里的许多昆虫为食。繁殖季结束后，斑尾塍鹬就告别夏天的家，出发前往冬天的家。

　　因为阿拉斯加附近没有又温暖又安全的地方，所以斑尾塍鹬每年都要踏上一场史诗之旅，目的地是一万多千米之外的新西兰。整个迁徙过程几乎都是飞翔在海面之上。这么远的距离，就算我们乘着舒服的喷气式飞机，也要飞上差不多一天时间。在飞翔的过程中，斑尾塍鹬可没地方歇脚。它们只能不停地飞呀飞，不眠不休地飞上八天！

　　海上没有路标，那斑尾塍鹬是怎么认路的呢？多亏了脑袋里的生物导航系统，它们才知道要往哪儿走。大自然就是充满了这样的不可思议。

听声捕猎

乌林鸮（分布于欧洲北部、北美洲和亚洲）

冬天很漫长，但乌林鸮不怕。它是一位非常有耐心的猎手。这只大鸟栖在低处的树枝上，一动不动。它听着，等着。在寂静的、白雪覆盖的大地上，它金黄的双眸闪闪发光。

雪花在寒风中飞舞。乌林鸮的脑袋先向左转转，再向右转转。看起来一片寂静的世界，其实正在发出声响。

突然，乌林鸮听到雪毯下传来一只旅鼠的动静。狩猎开始！它看不见旅鼠的身影，但可以凭借超强的听觉定位猎物的准确位置。它从栖木上飞起，静悄悄地划过空中。

"嗖——！"

一切都发生在瞬间：乌林鸮的两只脚最先扎入雪地，尖锐的爪子紧紧地抓住了猎物。对那只旅鼠来说，命运在这一刻已经注定。

20

一年中的大部分时间里，乌林鸮的领地都覆盖着皑皑的白雪。白色雪毯之下的草地里，旅鼠们靠打地洞生活。要想找到旅鼠，乌林鸮只有一个办法，那就是竖起耳朵，听它们在地面下活动的声音。

人类几乎听不到旅鼠在雪下发出的声响，更别说听出它们藏在哪里了。但在这个方面，乌林鸮有着与生俱来的天赋！

在乌林鸮头部的羽毛下面，有两个非常大的耳孔，声音能从这里进入耳道。乌林鸮左右两边的耳孔位于不同高度，因此，声音到达每个耳孔的时间有着细微的差别，可以帮助乌林鸮分辨声音的来源。乌林鸮脸部的羽毛以眼睛为中心向外辐射，形成了一个宽大的圆盘，这样能收集声音，并把它们向后导入耳中。

要论听力，没有人比得过乌林鸮。

乌林鸮在猫头鹰中属于体形较大的。它们生活在遥远的北方森林里，有着大师级的捕猎技巧，在非常恶劣的环境中坚强生存。

蜜罐旁的鸟儿

响蜜䴕（分布于非洲）

  响蜜䴕轻快地从一根树枝蹦到另一根树枝上——它有一个激动人心的消息想要分享！在前面的村子里，一个男人正在劈柴。这只不起眼的小鸟吹了一声口哨，那个男人突然放下了手中的斧子。他的脸一下子亮了起来，跟随着响蜜䴕钻进了茂密的森林里……

  在非洲的部分地区，响蜜䴕和当地人之间形成了一种不同寻常的默契。响蜜䴕会帮助人类寻找野生蜂巢，这样人类就可以采集巢中甜美的蜂蜜了。

  野生蜜蜂通常在树洞或者地洞里筑巢，用它们自己分泌的蜂蜡制造六边形结构的蜂房。

  吸吸鼻子，假装你可以闻到千米之外蜂巢里蜂蜡的气味……响蜜䴕不用假装，它真的能做到！

响蜜䴕的鼻孔位于喙的基部，鼻孔内部对蜂蜡的气味非常敏感。

　　只要响蜜䴕在空气中嗅到一丝蜂蜡的气味，它就能追踪着气味一路找到蜜蜂的老巢。它记下蜂巢的位置，然后飞走，把这个消息告诉别人。

　　当响蜜䴕找到一个人时，它就会发出一种特殊的叫声，像是在说：

"快来呀，跟我去找好吃的蜜呀！"

　　当地人特别爱吃蜂蜜，所以他们会一路跟着响蜜䴕来到巢洞的位置，把蜂巢掏出来。为了感谢报信的响蜜䴕，人们总会留下一些蜂蜜和蜂蜡给鸟儿吃。

　　多亏了响蜜䴕出色的嗅觉，也多亏了人类给响蜜䴕留下的回报，人和鸟之间才形成了这种奇妙的合作关系。

23

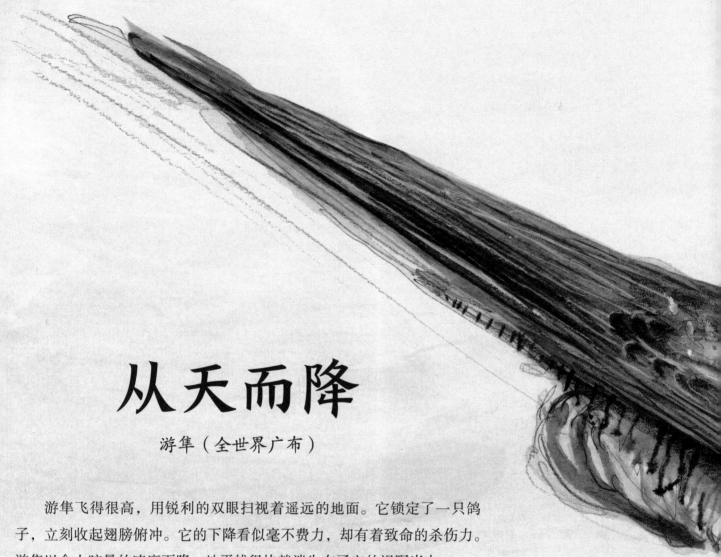

从天而降

游隼（全世界广布）

游隼飞得很高，用锐利的双眼扫视着遥远的地面。它锁定了一只鸽子，立刻收起翅膀俯冲。它的下降看似毫不费力，却有着致命的杀伤力。游隼以令人眩晕的速度下降，地平线很快就消失在了它的视野当中。

"嗖——！"

游隼是俯冲速度最快的鸟。它的普通飞行速度并不算特别快，但向猎物俯冲的速度是破纪录级别的。因为鸽子飞得也挺快，所以为了捕获足够的食物生存下来，游隼只有飞得更快。

想要从很远的地方发现鸽子的踪迹，必须拥有出色的视力。很多人会觉得自己的视力还不错，但游隼的视力更好，比我们人类看得远得多。

游隼的好视力取决于它们眼球的结构。你能看清这一页上的文字，是因为它们反射的光线落在你眼睛内层视网膜中一片叫"中央凹"的区域上。在我们的眼睛里面，这一块看到的东西是最明亮、最清晰的。

把你的头稍微转向一边，不要把目光移回到这段文字上来，你会发现这些字没那么清晰了。只有当我们直视某样东西时，它形成的图像才会落到中央凹上，我们才能清楚地看到它。

人类的每只眼睛里只有一个中央凹，但有些鸟类（包括游隼）每只眼睛里有两个中央凹，一个用来看远景，另一个用来看近景。看远景的中央凹让游隼可以在很远的地方发现鸽子之类的猎物，就像长焦镜头一样。

难怪游隼是一位"远距离拍摄"专家！

游隼的俯冲速度可达300千米/小时。

25

狐狸与鸟

红腿石鸡（分布于欧洲南部，英国和新西兰也有引入）

你是一只小鸡，你有九个哥哥姐姐，而你是最后一个准备破壳而出的。现在，轮到你出场了——一个浑身条纹的小毛球冒了出来，睁大了眼睛，打量着天上的太阳。出生后才过几个小时，你就可以跑了！红腿石鸡妈妈就在前面，等着你们跟上来呢。

石鸡妈妈最重要的任务就是保护好自己的小鸡，直到它们都长大成年。

它始终保持着警惕，因为到处潜伏着危险……

如果哪只小鸡误打误撞闯到狐狸、白鼬或鹰的面前，绝对会被一口吞掉。

石鸡妈妈看到远处有一只乌鸦飞过田边，这说明附近有捕食者。石鸡妈妈要赶紧行动起来了。它先轻柔地呼唤着自己的小鸡，把它们都集合到身边。接着，它带着孩子们钻进树篱底下，很快就逃得没影了。

石鸡一家从树篱的另一头钻出来，发现一只狐狸的身影在树影里若隐若现！不好了，石鸡妈妈被狐狸发现了！不过，狐狸还没发现被高高的草盖住的小鸡们。

石鸡妈妈来不及再次带着小鸡离开了。它得试试其他办法。它假装自己受了伤，耷拉着一只翅膀，一瘸一拐地走上了小路。

它好像飞不起来了一样。

狐狸以为能吃到一顿不费力气的午餐，于是追向了跌跌撞撞的石鸡妈妈。石鸡妈妈越跑越快，也离鸡宝宝们越来越远。就在狐狸扑上去的瞬间，聪明的石鸡妈妈猛地飞到空中逃跑了！

石鸡妈妈成功骗了狐狸。狐狸已经离鸡宝宝太远，找不到它们的踪迹了。失望的狐狸灰溜溜地走了。石鸡妈妈确认周围安全后，才跑回去找自己的孩子，把它们从躲藏的地方叫出来，全家一起继续前进。

雌性红腿石鸡不那么常见。
红腿石鸡通常会筑两个巢，每个巢里都有蛋。
雄鸟和雌鸟会各自照顾一窝蛋，分别把它们养大。

滑雪新手

渡鸦（分布于北半球）

　　一场大雪过后，山丘、树木和屋顶盖上了一层厚实、柔软的白色雪毯。在白皑皑的高山坡顶上，停着一群黑漆漆的渡鸦。一只勇敢的渡鸦向前迈了一步，从陡坡边缘向下张望。一……二……三……它跳了下来，肚皮着地滑了下去！

耶——！

　　这只勇敢的渡鸦羽毛蓬松，喙粗大。它滑下去以后，翻了好几个跟头，终于稳住了身子。它明明能飞，却非要费劲地走回坡顶，回到同伴们身边——它们都在等着轮到自己滑雪呢！渡鸦们这是在玩耍！

渡鸦很爱玩。它们的智商也高得惊人。

到了冬天，许多鸟都很难找到食物，但狡猾的渡鸦有办法。它们去翻人类的垃圾桶。它们闻得出垃圾桶里有没有剩饭。渡鸦用尖喙猛地一啄，垃圾桶的盖子就会被掀开。紧接着，其他渡鸦都会来加入这场盛宴。

人工饲养条件下的渡鸦，甚至有能力解开人类出给它们的谜题。要知道，这些谜题可是难倒了狗、松鼠，甚至几乎其他所有鸟类。有些被饲养的渡鸦还会数数：

一……二……三……四……五。

你也可以跟渡鸦做游戏，不过请做好心理准备——渡鸦是最聪明的鸟儿之一，小心你会输给它们哦！

渡鸦喜欢社交，
它们可以活 13 年左右，但一生中通常只有一位伴侣。
因此它们的婚姻算得上长久了！
冬天的时候，成对的渡鸦和其他同伴一起组成大群休息。

日鹛长得就像小鸭子，
它们能走路、能游泳，
还能攀爬芦苇和低处的树枝。

飞行前检查

日鳽（分布于中美洲和南美洲）

这里是热带，午后的阳光照得河面闪闪发光。树枝随风摇摆，树梢点了点静静流淌的河水。一根芦苇折断，传来"咔嚓"一声响。昆虫"嗡嗡"地飞着。

谁也没有发现，灌木丛里藏着一只小小鸟……

日鳽拨动脚掌，游过浅滩。它喜欢水流平缓的淡水溪流，大部分时间都在这里游泳和潜水。它的巢在河岸边，遮蔽得很严实，一般人看不见。

日鳽妈妈只在巢里下了两枚蛋。和其他鸟不太一样的是，孵化后的雏鸟主要由日鳽爸爸照顾。日鳽爸爸几乎是独立完成育儿任务。

日鳽雏鸟孵化后不久就能游泳。但如果附近有危险，日鳽爸爸有种不同寻常的方法来保护孩子……

日鳽爸爸的每只翅膀下面都藏着一个特别的育儿袋。如果日鳽爸爸感到不安，它会直接把两只雏鸟塞进两个育儿袋里，带着孩子们飞离危险。

在逃跑之前，日鳽爸爸会先确认自己的两个孩子是不是安全的——就像人类家长在开车前，会检查孩子的安全带有没有系好一样。日鳽爸爸不太能看清孩子们有没有被好好塞进育儿袋，但它可以感觉到孩子们是不是已经待在育儿袋深处。确认好孩子们的安全后，它就毫不迟疑，立刻出发。

准备起飞喽！

"之"字形路线

漂泊信天翁（分布于南冰洋附近）

辽阔的远洋一眼望不到头。水手们站在一艘安全的大船上，看着海水涌起来，又落下去。灰暗的海浪越耸越高，翻了个跟头，拍碎成无数水花。在船的后面，一只不同寻常的海鸟避开汹涌的海浪，直直地伸着翅膀，毫不费力地滑翔着。它就是漂泊信天翁。

漂泊信天翁的寿命很长，能活到 50 岁以上。一只雌性漂泊信天翁每两年才会产下一枚宝贵的蛋。雌鸟和雄鸟轮流孵蛋，连续孵上三周，耐心地等待着雏鸟的孵化。

等到可以休息时，漂泊信天翁早已饥肠辘辘，但它必须飞越大海寻找食物。漂泊信天翁主要吃鱿鱼。为了找到足够的食物，它需要在海面飞行数千千米。

当一只漂泊信天翁就是这么艰难。

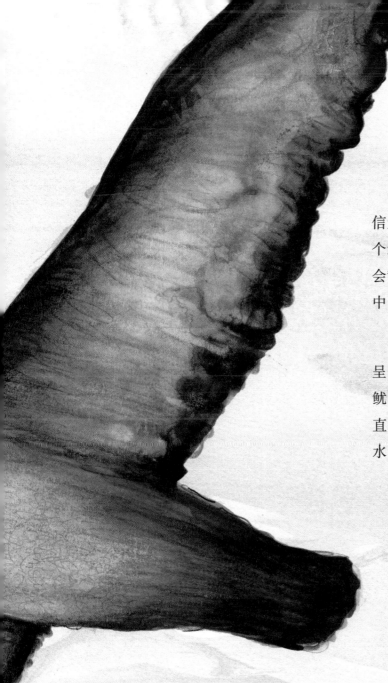

在浩瀚的海洋中，鱿鱼小到很难被看见。漂泊信天翁得依靠嗅觉才能填饱肚子。它的喙两侧有两个细小的管状鼻孔，里面有可以感应的神经。鱿鱼会散发出特殊的气味，这些气味的小颗粒飘散在空中，仿佛看不见的烟雾飘荡在海面上。

漂泊信天翁朝着气味飘来的方向飞行，并不断呈"之"字形左右移动，追踪着气味的来源。如果鱿鱼的气味变淡了，漂泊信天翁就改变飞行方向，直到再次捕捉到气味。它还会反反复复地入水出水，最终找到气味的主人。

好了，开饭了！

漂泊信天翁之所以叫这个名字，
是因为它们在觅食的过程中会飞行相当远的距离，
整个南冰洋附近几乎都有它们的足迹。
它们很少沿着直线飞，
而是沿着"之"字形路线贴着海面飞，
倾斜的翼梢时不时会碰到涌起的海浪。

毛蓬蓬的朋友

金刚鹦鹉（分布于中美洲、南美洲和非洲）

金刚鹦鹉挺着金色的胸脯，收起蓝色的翅膀，瞪着纽扣般的大圆眼睛，在栖木上迈着小碎步。它上上下下地摇晃着脑袋，嘴巴微微张开，仿佛想要吸引谁的注意。

"你好吗？你好吗？你好你好你好吗？"

我们人类生活在不同的地方，就会形成不同的口音。如果你搬家到一个新地方，尤其如果你还是个孩子，你多半会开始学习新朋友和新玩伴的口音，这样你才能融入新的集体。

野生鹦鹉也会用尖叫和大喊来相互交流。鹦鹉和人类一样，是社会性动物。它们喜欢群居，结成伴侣的一对鹦鹉会一辈子生活在一起。金刚鹦鹉能活到65岁甚至更久，所以它们的感情很长久。在野外，已经配对的鹦鹉几乎做什么事情都要在一起。

宠物鹦鹉和它的主人之间也会建立起非常亲密的关系。这种特殊的友情相当于一只野生鹦鹉和它的伴侣之间的感情。很多宠物鹦鹉会模仿人类说话。它们用自己的大脑袋和大舌头来模仿我们语言中的词汇和句子，以此适应人类的环境。可以说，模仿人类说话是鹦鹉学习"当地口音"来融入集体的手段。

鹦鹉很聪明，能模仿和记住很多人类语言。有时候，它们说这些话的时机也刚刚好，例如，当有人走进房间时，它们会说"你好"，当有人离开时，它们会说"再见"。

但鹦鹉真的理解"你好"是什么意思吗？那可不见得……它们模仿这个词的发音，可能只是因为它们的主人喜欢听。尽管如此，就像野生鹦鹉和它的伴侣一样，宠物鹦鹉和它的主人也能成为彼此最好的朋友。

野生鹦鹉主要生活在热带雨林里。
它们有一项绝技：
爬树的时候，把自己的喙当作第三只脚来用。

很多鸟夏天在英国繁殖，
冬天飞到欧洲南部或非洲去过冬。

36

神奇的指南针

欧亚鸲（夏季在欧洲繁殖，冬季在非洲越冬）

欧亚鸲站在一把翻过来的铁锹上，红色的小胸脯挺得高高的。风吹来了季节变换的气息——它能从秋风中感受到，也能从铺满草地的金黄色落叶中看到。

欧亚鸲环顾了一下自己的家，然后唱起了一支欢快的小调：

"再见了花园，很快我会回来，很快我们再见！"

秋天到了，英国没有那么多昆虫，不够所有欧亚鸲吃一整个冬天。因此，有些欧亚鸲必须向南方出发——去非洲，那里的食物没有这么稀缺。

就像驾车开始长途旅行前，我们要给油箱加满油一样，小鸟在出发前也要做好准备。飞翔会消耗巨大的能量，因此，小小的欧亚鸲在出发前必须吃下更多食物，把它们转化为脂肪。这些脂肪就是能让它们飞往越冬地的"燃料"。

可是那么小的鸟，怎么在那么大的世界里找到路呢？

欧亚鸲的大脑内有一套"程序"，能告诉它们什么时候开始多吃东西，等皮肤下攒好了一层脂肪以后，什么时候出发踏上迁徙之旅。这套"程序"还能告诉它们，路上应该飞多少天，应该朝着什么方向飞。

光认得方向还不够。欧亚鸲得弄清楚自己在地图上的确切位置，但它们只有在黑暗中才能做到这一点。

欧亚鸲能感知地球的磁场——正是这磁场决定了东西南北的方向。令人惊奇的是，欧亚鸲的"迷你指南针"竟然是它的右眼。就算视野里没有任何可以参照的地标，这只右眼也能为欧亚鸲指明前进的方向——冬天往南飞，夏天往北飞。

吵吵嚷嚷海鸟城

崖海鸦（分布于北半球）

这片海鸟的繁殖地充满了生机。高高的悬崖下是波涛汹涌的海浪，窄窄的悬崖边挤满了住客。那是好几百只崖海鸦，它们吵吵嚷嚷地挤作一团。随着一阵响亮的鼓翅声，一只崖海鸦设法把自己塞到了伴侣身旁。在它们身下，岩壁陡峭，大海翻滚，崖海鸦却看都不看一眼。

雄性崖海鸦轻咬并梳理着伴侣颈部的羽毛。不远处，一位邻居发出尖叫，算是愉快地打了个招呼。雌性崖海鸦也叫了一声作为回应。只要崖海鸦们聚在一起，它们就很满足。

这种神奇的海鸟在悬崖边的狭窄平台上筑巢，
密集地聚在一起繁殖。

崖海鸦靠理羽来保持羽毛清洁。鸟类通常会自己给自己整理羽毛，但有时它们也会帮伴侣整理羽毛，这种行为叫"相互理羽"。相互理羽能帮伴侣把羽毛维持在最佳状态。鸟儿相互整理羽毛的位置一般会选择头部和颈部，因为这些部位它们用自己的喙没法碰到。

对崖海鸦来说，相互理羽与其说是为了清洁，不如说是感情好的象征，就像猴子和猩猩也会给伴侣相互梳毛一样。鸟类夫妇相互理羽，可能仅仅是因为有人给自己理羽很舒服。它们愿意对彼此表示友好，就像我们人类愿意和喜欢的人拥抱一样。

崖海鸦尤其喜欢相互理羽。每年，它们都会回到悬崖上那块小小的地盘，和自己的伴侣再次团聚。接下来，理羽大会开始了！崖海鸦不仅会小心翼翼地整理伴侣的羽毛，还会帮邻居整理羽毛。因为崖海鸦夫妇每年都回到同一个地方，所以它们对自己的邻居夫妇也非常熟悉。一对对崖海鸦就像朋友一样相互帮助，它们还会从狂暴的海鸥嘴下保护彼此的蛋。

崖海鸦的友情，可能有一辈子那么长。

对大部分鸟类（和所有人类）来说，
舌头是长在嘴里的。
但啄木鸟的超长舌头从眼睛上方开始，
绕了头骨一圈，最后才进入嘴里。

40

啄木记

啄木鸟（分布于欧洲和北美洲）

"嗒！嗒！嗒！"啄木鸟沿着树干往上攀缘，脑袋歪向一边。在郁郁葱葱的树冠的遮盖下，森林里十分凉爽，散发着泥土的芬芳。啄木鸟在一根歪歪扭扭的老树枝上蹦来蹦去，然后又啄了啄。

"嗒！嗒！嗒！嗒！嗒！"

"此树是我开，"坚定有力的敲击声好像在说，"外人请走开！"

无论是觅食、筑巢，还是跟同伴交流，啄木鸟都要靠敲击树木来实现。这也是它们被叫作"啄木鸟"的原因。啄木鸟的头骨特别结实，能承受所有敲击。不过，这些美丽的鸟儿也有敏感纤细的一面……

啄木鸟以幼虫为食，它们最喜欢那些寄生在朽木里的幼虫。为了吃到这些幼虫（例如甲虫宝宝），啄木鸟得用坚硬的喙啄开树木的枝干。

但是，幼虫可不想被吃掉。它们一听见啄木鸟的声音，就赶紧钻回洞里，躲进枝干深处。不过，啄木鸟不会就此罢休，它们有一种抓住幼虫的绝妙方法。

想象一下，你把手伸进一条长长的、黑黑的通道里，想要摸到深处某个柔软多汁的东西，例如一个桃子。你看不见桃子，也闻不到桃子的香气，只能靠指尖去感觉水果的位置。幸好，我们指尖的触觉极其敏感。啄木鸟用舌头捕捉幼虫与之类似。啄木鸟的舌头极其敏感，能帮助它们很快确认幼虫的位置，然后享用一顿美餐。

啄木鸟的舌头还有很强的黏性，能轻松把幼虫粘住，把它们从洞里拖出来吃掉。

银喉长尾山雀体形很小，
体重和一茶匙糖的重量差不多。
它们身子圆滚滚的，尾巴长长的。

树篱里的
秘密基地

银喉长尾山雀（分布于欧洲和亚洲）

42

只见一团混杂着粉色、黑色和白色的小东西一闪，原来是一只小鸟飞过了田野。它飞快地冲进了一丛荆棘中，消失不见了。树篱里面，藏着它的秘密基地。

银喉长尾山雀在荆棘和枝干的迷宫里穿梭跳跃，来到一座灰绿色的圆拱形小屋旁。另一只鸟从小屋门口探出脑袋，又缩了回去。这只银喉长尾山雀跟它进了屋，十只雏鸟正张着大嘴，等着吃好东西呢。

"快来喂我们！"

在秋天和冬天，银喉长尾山雀集群生活在一起，白天觅食，晚上睡觉的时候抱团取暖。到了春天，繁殖季节开始了，有些银喉长尾山雀会做出惊人的举动——它们会帮同伴养育雏鸟。

银喉长尾山雀的巢很漂亮。整个巢的形状像只蛋，巢的顶部是封闭的，巢的侧面留有一个进出用的洞口。整个巢是用蜘蛛丝把苔藓粘起来制成的，最外面盖了一层地衣。巢里面铺着几百根羽毛，能让鸟爸爸、鸟妈妈、雏鸟和鸟蛋都暖暖的。

尽管银喉长尾山雀的巢伪装得很好，但还是有很多巢会被乌鸦、松鸦之类的掠食性鸟类破坏。如果一对银喉长尾山雀失去了自己的巢，它们要么会重新筑一个，要么会因为繁殖季即将结束，干脆帮助其他同伴养育雏鸟。

去同伴家里帮忙，总比完全放弃要好。来帮忙的鸟儿越多，每只雏鸟能吃到的食物就越多。就算这对银喉长尾山雀可能没有自己的孩子，但通过帮助其他同伴，它们为整个种群做出了贡献，让更多小鸟在这个繁殖季存活下来。

捕蛾陷阱

夜鹰
（夏季在欧洲和亚洲繁殖，
冬季在非洲越冬）

夜鹰飞上天空。它的眼睛又黑又大，在昏暗的夜色里也能看清东西。夜鹰寂静无声地掠过欧石南荒原。

一只颜色暗淡的大飞蛾从欧石南丛里飞了出来。夜鹰马上发现了。它挥了挥长而优雅的翅膀，张大嘴巴朝蛾子飞去。

"啪嗒！"

夜鹰在夜间飞翔。白天，它
就蹲在地上或窝在树杈上睡觉。它
的羽毛呈黄褐色，斑驳的花色让它
能完美地隐藏在周围的环境中。夜鹰
休息的时候，看上去就像一截木桩。夜
鹰的喙很短，但可以张得很大。它的喙里面
是粉色的，喙上方有胡须状的嘴须。这些嘴须
连最轻微的触碰都能感觉到。

在追逐猎物的过程中，夜鹰的嘴须哪怕只
是轻轻蹭到了蛾子，都能感知到猎物就在附近。
夜鹰会立刻张开嘴，把蛾子困在嘴里。这一切
发生得如此之快，让人很难看清，尤其是在一
片夜色之中。

夜鹰吞下它的晚餐，再次出发，寻找更多
的美味。

暗夜降临，夜鹰苏醒了。它转转脑袋，开始鸣叫。夜鹰的叫声和其他鸟的叫声都不一样。它的声音听起来就像远处有一台割草机在响。

鸟的感官

和人类一样，鸟类也很依赖它们的感官。

视觉

　　像鹰和隼这样的猛禽都有着大大的眼睛，这使它们能够看得比人类远得多。像夜鹰和猫头鹰这些夜行性鸟类，能在微弱的光线下辨认出人类看不清的东西。

听觉

　　鸟类和人类能听见的声音频率差不多。有些人听不见金冠戴菊发出的高频率轻声鸣叫，但所有人都能听见大麻鳽发出的低沉的叫声。

　　猫头鹰和油鸥这些夜行性鸟类，视觉和听觉通常比人类敏锐得多。在一片漆黑中，猫头鹰可以通过老鼠或旅鼠的轻微的脚步声、尾巴拖过树叶发出的"沙沙"声，来确定它们的位置。

触觉

　　所有鸟都有敏锐的触觉。鸟儿知道自己孵蛋的姿势对不对；知道自己是否牢牢抓住了树枝，保证不会掉下来；知道自己有没有哪根羽毛乱了——如果乱了，鸟儿会用喙把它们整理回原位。

味觉

对于我们来说，糖尝起来是甜的，盐尝起来是咸的。人类还很擅长分辨许多其他的味道。我们的舌头上遍布着味蕾，能尝出不同食物在味道上的差异。鸟类也有味蕾。只不过，人类的味蕾在舌头上，鸟类的味蕾藏在它们的喙里。

特殊感官

鸟类身上还有很多我们人类没有的特殊感官，对此我们了解得很少。

· 迁徙冲动

有些鸟有迁徙冲动——到了每年的特定时间段，它们就想朝着特定方向飞行很长一段距离。鸟类身上并没有特定的迁徙感官，至少现在人类还没有发现。引导鸟类每年迁徙的地图和机制分散在鸟类大脑的不同区域，涉及好几种不同的感官。

· 天气感知

有些鸟能感知什么时候、在什么地方下过雨，哪怕那雨远在千里之外。火烈鸟在非洲沿岸过冬，它们的繁殖地却远在内陆地区。只有当下了足够多的雨，地面形成大片的、充满食物的湖泽时，火烈鸟才能成功繁殖。它们在非洲沿岸静静地等待，一等就是几个星期，然后在某一天突然朝内陆飞去，找到一片雨水充盈的湖泊，开始觅食和繁殖。火烈鸟是怎么知道内陆下过雨的呢？

我们还没有弄清楚这些特殊感官是怎么工作的。不过，我们很确定，正是这些谜题让鸟儿身上充满了趣味，也让我们想要了解更多。

总有一天，我们会真正体会到，当一只鸟是什么感觉。

献给埃利斯。

——蒂姆·伯克黑德

献给露西、夏洛特和麦克斯，爱你们。

——凯瑟琳·雷纳

关于作者

蒂姆·伯克黑德，国际知名鸟类学家，英国皇家学会会员，谢菲尔德大学动物学荣誉教授。他因启发式教学和写给成年人的许多优秀图书而获得不少奖项，著有畅销书《鸟的智慧》和《鸟的感官》。2016 年，蒂姆被伦敦动物学会授予传播动物学奖；2018 年，被演化研究协会授予斯蒂芬·杰·古尔德奖。《当一只鸟是什么感觉》是蒂姆创作的第一本童书。

关于绘者

凯瑟琳·雷纳，获奖作家和插画家，成长于西约克郡的乡下，长大后在爱丁堡艺术学院学习插画。她从学会拿铅笔起就开始画动物，她创作的大部分童书也是围绕着动物展开。凯瑟琳曾被许多奖项提名，其中有不少最终获奖，包括：2006 年，她的第一本图画书《奥古斯特和他的微笑》获得由英国图书信托基金会颁发的最佳新人插画师奖（低年龄组）；2009 年，《哈里的大脚》获得凯特·格林纳威大奖。《当一只鸟是什么感觉》是凯瑟琳和布鲁姆斯伯里出版社合作的第一本书。

图书在版编目（CIP）数据

当一只鸟是什么感觉 / (英) 蒂姆·伯克黑德著；
(英) 凯瑟琳·雷纳绘；周颖琪译. -- 福州：海峡书局，
2023.7
书名原文：What it's Like to be a Bird
ISBN 978-7-5567-1081-2

Ⅰ.①当… Ⅱ.①蒂… ②凯… ③周… Ⅲ.①鸟类-
普及读物 Ⅳ.①Q959.7-49

中国国家版本馆CIP数据核字(2023)第048990号

Text copyright © Tim Birkhead 2021
Illustrations copyright © Catherine Rayner 2021
This translation of WHAT IT'S LIKE TO BE A BIRD is published by Ginkgo (Shanghai)
Book Co., Ltd. by arrangement with Bloomsbury Publishing Inc. All rights reserved.
本书中文简体版权归属于银杏树下（上海）图书有限责任公司

著作权合同登记号 图进字13-2023-057号

出版人：林 彬
选题策划：北京浪花朵朵文化传播有限公司
出版统筹：吴兴元
编辑统筹：彭 鹏
责任编辑：廖飞琴 魏 芳
特约编辑：常 瑱
营销推广：ONEBOOK
装帧制造：墨白空间·杨阳

当一只鸟是什么感觉

DANG YI ZHI NIAO SHI SHENME GANJUE

著　者：[英]蒂姆·伯克黑德
绘　者：[英]凯瑟琳·雷纳
译　者：周颖琪
出版发行：海峡书局
地　址：福州市白马中路15号海峡出版发行集团2楼
邮　编：350004
印　刷：鹤山雅图仕印刷有限公司
开　本：889mm×1194mm 1/16
印　张：3.5
字　数：50 千字
版　次：2023 年 7 月第 1 版
印　次：2023 年 7 月第 1 次
书　号：ISBN 978-7-5567-1081-2
定　价：68.00 元

读者服务：reader@hinabook.com 188-1142-1266
投稿服务：onebook@hinabook.com 133-6631-2326
直销服务：buy@hinabook.com 133-6657-3072
官方微博：@浪花朵朵童书

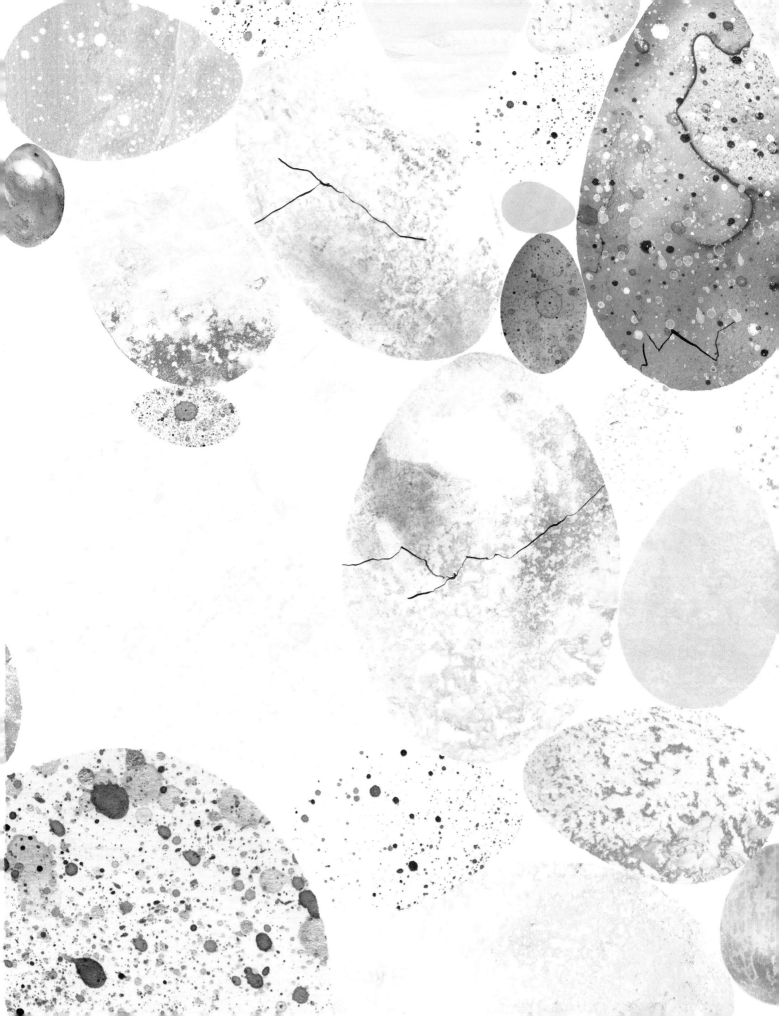

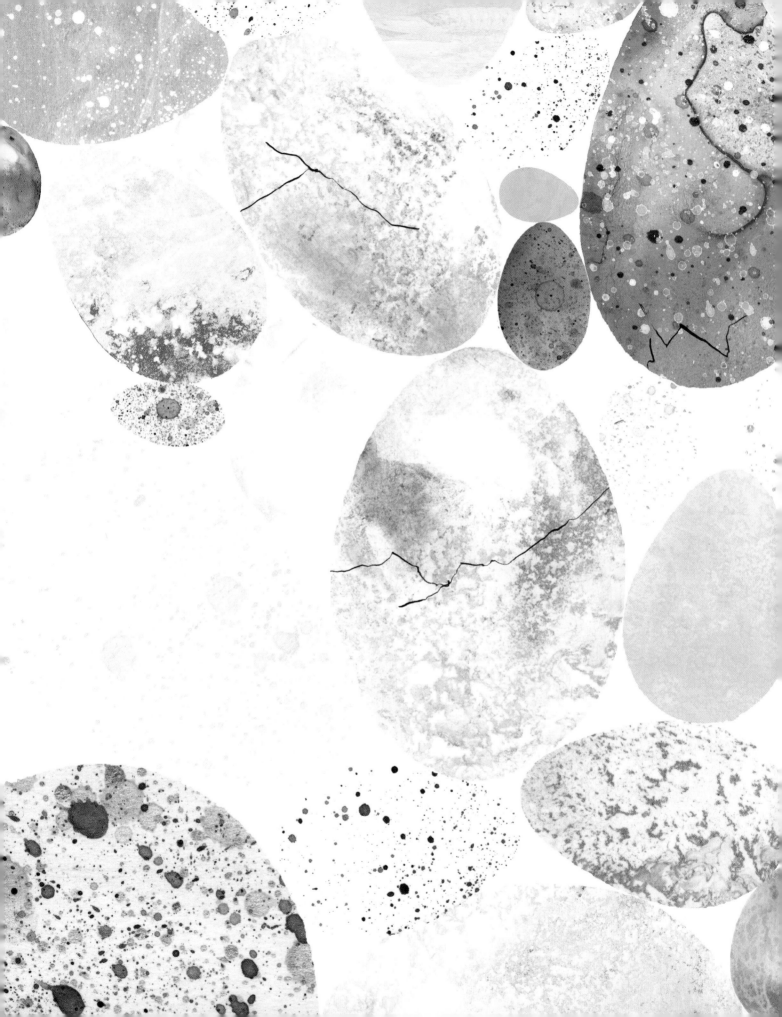